亲亲科学图书馆

开饭了

〔法〕史黛芬妮·勒迪/著
〔法〕泰蕾兹·邦特/绘
张苗/译

上海文化出版社

日常生活中，我们吃饭的方式多种多样：
有时，你会两三口吞掉一个三明治；
有时，你会坐在高档餐厅里，细细品味丰盛的大餐……

有时，你也会跟朋友们在公园里一起享受野餐。
祝大家好胃口！

在家里，今天轮到你来做主厨啦！
照着菜谱，你就能做出美味的饭菜。
其实，有些菜做起来很简单。

闻起来真香……全家人围坐在一起，
品尝着自己做的饭菜，多么幸福啊！

但是，我们为什么需要吃东西呢？

我们的身体会把吃进去的东西转化成能量。

有了能量，我们才可以进行呼吸、思考、运动……

早餐是非常重要的。一整夜都没有吃东西，
早餐会让我们的身体重新能量满格！

早餐、午餐、下午茶、晚餐……

一天里，每当到了特定的时刻，我们的身体就会发出需要“碳水化合物”的信号：咕噜咕噜，肚子饿了。

每个国家的人都有自己特别的饮食习惯。比如在英国，人们喜欢早餐（breakfast）吃得特别丰盛。

在西班牙，人们要到很晚才开始吃晚餐……

那么，是谁发明了烹饪呢？
原来是史前人类！要知道，
在学会取火之前，人们一直都是生吃食物的。

大约在40万年前，
人们终于学会了把食物做熟后再吃。
这就是人类用过的最原始的锅：一个兽皮袋，里面灌满水，
再把烧红的石头扔进去，就可以烹煮食物啦！

随着时间的推移
和大航海时代的到来，
人类发现了很多新的食物。

番茄、四季豆、玉米、土豆、巧克力、火鸡……
这些都是源于美洲的食物，大约在500年前才传入了欧洲。
在此之前，世界上大多数人还都不知道这些食物。

你知道为什么不能挑食吗?

因为营养均衡，才能让你身体健康，茁壮成长!

肉类、鱼类和蛋类都富含蛋白质，

这些是我们的肌肉生长所必需的营养物质。

牛奶和其他奶制品都富含钙，
这种元素能让我们的骨骼和牙齿更坚固。

冬季
春季
夏季
秋季

水果和蔬菜中含有的维生素会让我们气色红润。
不同的季节会有不同的水果和蔬菜。
要不要去市场上逛一逛，挑选一些？

我们吃的谷物其实就是某些农作物的种子。
谷物的营养价值很高，我们的身体每天都需要它们！

大米是世界上种植区域最广的粮食作物之一。
我们会用小麦制作出面条和面包，会把玉米做成玉米片……
在非洲，人们还会用小米煮粥。

请仔细看学校食堂的菜单，这些都是由营养师精心设计的。他们的工作就是把你的每一餐都搭配得丰富多样、营养均衡，而且要保证少盐、少油、少糖。

薯条和蛋糕人人都爱吃，
但是要注意：
吃得太多会长胖，而且会损害牙齿！

人们常常会说，用餐时要遵守餐桌礼仪……
但是，在不同的历史时期和不同的国度，
餐桌礼仪的具体要求却各不相同。

在中世纪时期的欧洲，受邀到城堡中赴宴的宾客们，
会把一大片面包铺在桌子上当作餐盘，
直接用手拿东西吃，最后再抓起桌布擦手！

围在一张矮矮的桌子旁跪着吃饭，
这就是日本人传统的用餐场景。
跟大多数亚洲国家的人一样，他们也习惯使用筷子。

在北非，人们盘腿坐成一圈，
围着一大盘饭菜用右手抓着吃。

世界上每一个地区都有自己的特色菜。
每个人的口味也不尽相同……

这些生活在亚洲的孩子正在吃昆虫烤串。
他们也喜欢吃榴莲。这是一种个头很大的水果，
味道有点儿像奶酪，也有点儿像菠萝。

但是如果有一天，有人告诉他们法国人吃青蛙，
他们肯定也会目瞪口呆！

图书在版编目（CIP）数据

开饭了 / (法) 史黛芬妮·勒迪著 ；(法) 泰蕾兹·邦特绘 ；张苗译.
-- 上海 ：上海文化出版社，2018.9
（亲亲科学图书馆）
ISBN 978-7-5535-0874-0

Ⅰ. ①开… Ⅱ. ①史… ②泰… ③张… Ⅲ. ①饮食－文化－世界－儿童读物 Ⅳ. ①TS971.201-49

中国版本图书馆CIP数据核字(2018)第212229号

出 版 人：姜逸青
出　　品：阿卡狄亚童书馆
责任编辑：任　战　高亮节
特约编辑：张　毅
封面设计：阿卡狄亚·王晶

书　　名：亲亲科学图书馆：开饭了
作　　者：[法] 史黛芬妮·勒迪/著　[法] 泰蕾兹·邦特/绘
译　　者：张苗
审　　校：张蕾
出　　版：上海世纪出版集团　上海文化出版社
地　　址：上海市绍兴路7号　200020
发　　行：上海文艺出版社发行中心
　　　　　上海市绍兴路50号　200020　www.ewen.co
印　　刷：小森印刷（北京）有限公司　010-80215076
开　　本：787毫米×1194毫米　1/24
印　　张：1.25
印　　次：2018年10月第1版　2019年12月第3次印刷
国际书号：ISBN 978-7-5535-0874-0
定　　价：12.00元
如发现印装质量问题影响阅读，请与阿卡狄亚童书馆联系调换。读者热线：010-87951023